ICS 73.100.01
D 98
备案号：47889-2015

NB

中华人民共和国能源行业标准

NB／T 51024—2014

固体充填材料多孔底卸式刮板
输送机技术条件

Technology of solid backfilling materials porous bottom
unloading conveyor type

2014-10-15发布   2015-03-01实施

国家能源局   发 布

目　　录

前　言

本标准按照 GB/T 1.1—2009《标准化工作导则　第 1 部分：标准的结构和编写》给出的规则起草。请注意本文件的某些内容可能涉及专利。本文件的发布机构不承担识别这些专利的责任。

本标准由中国煤炭工业协会提出。

本标准由煤炭行业煤矿专用设备标准化技术委员会归口。

本标准起草单位：中国矿业大学、山东能源新汶矿业集团有限责任公司、冀中能源集团有限责任公司、江苏中矿立兴能源科技有限公司、中国平煤神马能源化工集团有限责任公司、开滦（集团）有限责任公司、潞安环保能源开发股份有限公司。

本标准主要起草人：缪协兴、张吉雄、刘建功、黄艳利、周楠、张明、王东飞、赵庆彪、杨忠东、武浩、巨峰、马利军、吕志强、高瑞、孙强。

固体充填材料多孔底卸式刮板
输送机技术条件

1 范围

本标准规定了固体充填材料多孔底卸式刮板输送机(以下简称充填输送机)的技术要求、试验方法、检验规则、标志、包装、运输和贮存。

本标准适应于综合机械化固体充填采煤技术中固体充填材料多孔底卸式刮板输送机。

2 规范性引用文件

下列文件对于本文件的应用是必不可少的。凡是注日期的引用文件,仅注日期的版本适用于本文件。凡是不注日期的引用文件,其最新版本(包括所有的修改单)适用于本文件。

GB 3836.1　爆炸性环境　第 1 部分:设备　通用要求

GB 3836.2　爆炸性环境　第 2 部分:由隔爆外壳"d"保护的设备

GB 3836.3　爆炸性环境　第 3 部分:由增安型"e"保护的设备

GB 3836.4　爆炸性环境　第 4 部分:由本质安全型"i"保护的设备

GB/T 12718—2009　矿用高强度圆环链

GB/T 13306　标牌

GB/T 24503—2009　矿用圆环链驱动链轮

GB/T 25974.2　煤矿用液压支架　第 2 部分:立柱和千斤顶技术条件

MT/T 71—1997　矿用圆环链用开口式连接环

MT/T 72—1998　边双链刮板输送机用刮板

MT/T 101—2000　刮板输送机用减速器检验规范

MT/T 102—1985　刮板输送机中部槽试验规范

MT/T 103—1995　矿用刮板输送机出厂检验规范

MT/T 104—1993　刮板输送机型式检验规范

MT/T 105—2006　刮板输送机通用技术条件

MT/T 150　刮板输送机和转载机包装通用技术条件

MT/T 208—1995　刮板输送机用液力偶合器

MT/T 495—1995　刮板输送机用紧链器

煤矿安全规程

3 术语和定义

下列术语和定义适用于本文件。

3.1

底卸式中部槽　**bottom unloading central chute**

充填输送机的机身,由槽帮和中板焊接而成,中板上开有卸料孔,上槽是装运材料的承载槽,下槽不封闭。

3.2

卸料孔　**discharge hole**

开在底卸式中部槽中板上,用于卸料的矩形或扇形孔。

3.3

卸料板千斤顶　flashboard jack

位于底卸式中部槽两侧用于控制卸料孔开闭的液压千斤顶。

4　技术要求

4.1　基本要求

4.1.1　充填输送机应符合本标准的要求，并按照经规定程序批准的图样和技术文件制造。

4.1.2　其他通用技术要求应符合 MT/T 105—2006 的规定。

4.1.3　输送材料应为粒度不大于 50mm 散状的不规则形状的矸石、黄土、矿渣、粉煤灰等材料。

4.1.4　充填输送机与综合机械化充填采煤液压支架配套使用，乳化液泵站及管路与综合机械化充填采煤液压支架共用，综合机械化充填采煤液压支架的控制阀组应能控制卸料板千斤顶。

4.1.5　现场使用时，充填输送机的机头和机尾应分别安装在高度可调节、能够沿开采方向移动的机头与机尾支撑平台上。

4.1.6　充填输送机中部槽应通过矿用高强度圆环链与 U 形环、销轴悬挂在综合机械化充填采煤液压支架后的顶梁上。

4.1.7　工作环境空气成分应符合《煤矿安全规程》的规定。

4.2　安全技术要求

4.2.1　充填输送机运行条件应符合《煤矿安全规程》的有关规定。

4.2.2　充填输送机应符合煤矿劳动保护和安全方面的要求。

4.2.3　充填输送机零部件应能适应在搬运和安装过程中出现的正常碰撞。

4.2.4　充填输送机与其他设备之间的连接结构，包括与综合机械化充填采煤液压支架之间、与电气设备之间、与供电设备等之间的连接结构，应安全可靠的工作。

4.2.5　充填输送机应有机械或电气过载保护装置。

4.2.6　充填输送机的连接件应安全可靠，紧固件应有防松措施。

4.2.7　充填输送机与充填材料输送系统各设备间应有可靠的电气联机控制。充填输送机应在巷道充填材料带式输送机启动前启动，在巷道充填材料带式输送机停止后停止。

4.2.8　充填输送机启动前，应有预先报警信号。

4.2.9　充填输送机配套电气设备、电控系统应符合 MT/T 105—2006 中 3.1.2 的规定。

4.2.10　充填输送机的机械安全技术要求应符合 MT/T 105—2006 中 3.1.3 的规定。

4.2.11　充填输送机悬挂选用的矿用高强度圆环链的机械强度，应有可靠的安全裕度，安全系数应大于 5。

4.2.12　同一台充填输送机悬挂选用的矿用高强度圆环链应同规格、同质量。

4.2.13　充填输送机伸缩机尾滑动导轨处应设计有安全防护装置。

4.3　结构要求

4.3.1　型号相同的充填输送机主要元部件的安装尺寸、连接尺寸应相同，同类部件应可通用互换。

4.3.2　充填输送机应能用于左或右充填工作面。

4.3.3　充填输送机应能以改变中部槽和刮板链的数量来适应工作面长度的变化。

4.3.4　充填输送机应能方便地悬挂于综合机械化充填采煤液压支架的后顶梁之下，应能方便地与综合机械化充填采煤液压支架后顶梁下方推移装置连接并满足配套要求。

4.3.5　充填输送机应能方便地拆成部件或零件，其外形尺寸应符合从地面到工作地点的运输条件。

4.3.6　充填输送机中部槽中板处应设有间距合理的卸料孔，其间距应符合产品设计文件要求，与悬挂它的固体充填液压支架宽度相配套。

4.3.7　充填输送机中部槽中板上的卸料孔下应设有可纵向移动的卸料板，操作安装在底卸式中部槽两侧的卸料板千斤顶可以控制卸料孔的开启与关闭。卸料板千斤顶的动力取自充填采煤液压支架。

4.4 外观、油饰质量要求

充填输送机的外观、油饰质量要求应符合 MT/T 105—2006 中 3.6 的规定。

4.5 性能要求

4.5.1 充填输送机的设计输送量应符合综合机械化充填采煤工作面的设计文件要求。

4.5.2 充填输送机组装后，中部槽槽间最大水平方向弯曲角度和垂直方向弯曲角度应符合产品设计文件的规定，且不低于±3°。

4.5.3 轻型、中型、重型充填输送机在水泥地面按设计长度水平直线铺设时，整机空运转消耗电动机功率应分别不超过额定功率的 34％、30％、28％。

> 注1：充填输送机配套单电动机额定功率 75kW 以下为轻型，75kW～200kW 为中型（含 200kW），200kW～400kW 为重型，大于 400kW 为超重型。
>
> 注2：空运转消耗电动机额定功率系指测得的电动机输入功率。

4.5.4 充填输送机应能在综合机械化充填采煤液压支架后顶梁下方推移装置的作用下实现不小于充填支架一次移架步距的前后移动。

4.5.5 充填输送机卸料孔在卸料板千斤顶的控制下应能可靠地开启与关闭，卸料板打开力与关闭力应符合设计值的要求。

4.5.6 充填输送机机尾采用可伸缩机尾，伸缩行程应符合设计文件要求。

4.5.7 充填输送机地面铺设整机空载综合噪声应符合 MT/T 105—2006 的规定。

4.6 主要零部件及附属件技术要求

4.6.1 液力偶合器

液力偶合器的技术要求应符合 MT/T 105—2006 中 3.4.1 的规定。

4.6.2 减速器

减速器的技术应符合 MT/T 105—2006 中 3.4.2 的规定。

4.6.3 中部槽

4.6.3.1 中部槽分为带卸料孔和不带卸料孔的两种，带卸料孔的中部槽又可分为矩形卸料孔和扇形卸料孔两种，如图 1 和图 2 所示。

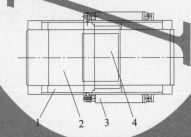

说明：1—槽帮；2—中板；3—卸料板、千斤顶；4—卸料板

图1 矩形卸料孔中部槽

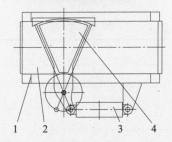

说明：1—槽帮；2—中板；3—卸料板、千斤顶；4—卸料板

图2 扇形卸料孔中部槽

4.6.3.2 中部槽采用铸焊结构，铸造槽帮应符合图样和技术文件要求。中部槽型式如图3所示，中部槽的长度等于配套充填液压支架的支架中心距。

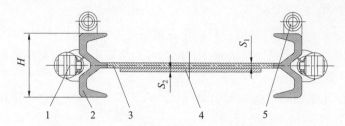

1—卸料板千斤顶；2—槽帮；3—中板；4—卸料板；5—悬挂装置

图3 中部槽型式

4.6.3.3 矩形卸料孔中部槽卸料孔中线的位置应位于中部槽前端1/4处，孔的宽度为刮板长度减去60mm，孔的长度应符合图样和技术文件要求。

4.6.3.4 扇形卸料孔中部槽卸料孔中线的位置应位于中部槽前端1/4处，孔的扇形角为45°，孔的尺寸应符合图样和技术文件要求。

4.6.3.5 中部槽间采用哑铃形结构连接。

4.6.3.6 中部槽的井下使用寿命即输送充填材料的总量应符合表1的规定。

表1 中部槽过料量要求

	槽 宽 规 格					
	630 mm	730 mm	764 mm	800 mm	900 mm	1000 mm
过料量 t	$\geq 90 \times 10^4$	$\geq 180 \times 10^4$	$\geq 240 \times 10^4$	$\geq 360 \times 10^4$	$\geq 450 \times 10^4$	$\geq 600 \times 10^4$

4.6.3.7 充填输送机中部槽槽间单侧连接抗拉强度应符合表2的规定。

表2 中部槽槽间单侧连接抗拉强度

	槽 宽 规 格					
	630 mm	730 mm	764 mm	800 mm	900 mm	1000 mm
连接抗拉强度 MPa	≥ 580	≥ 580	≥ 800	≥ 800	≥ 900	≥ 900

4.6.3.8 卸料板

卸料板的强度应能符合图样和技术文件要求，且厚度 S_2 不小于表3规定。

表3 卸料板厚度要求

单位：mm

槽宽规格	卸料板厚度 S_2
630	≥ 18
730	≥ 18
764	≥ 25
800	≥ 25
900	≥ 30
1000	≥ 35

4.6.4 卸料板千斤顶

卸料板千斤顶型式、尺寸参数和技术要求应符合 GB/T 25974.2 的规定。

4.6.5 机头架与机尾架

机头架与机尾架的结构、型式、强度和刚度应满足使用要求。机头架与机尾架的使用寿命应不低于中部槽使用寿命的 1.5 倍。

4.6.6 圆环链

矿用高强度圆环链的型式、尺寸和技术要求应符合 GB/T 12718—2009 第 4 章和第 5 章的规定。

4.6.7 连接环

连接环的型式、尺寸和技术要求应符合 MT/T 105—2006 中 3.4.6 的规定。

4.6.8 刮板

刮板采用边双链刮板，其型式、尺寸和技术要求应符合 MT/T 72—1998 第 4 章和第 5 章的规定。

4.6.9 驱动链轮

充填输送机驱动链轮的型式、尺寸和技术要求应符合 GB/T 24503—2009 第 3 章和第 4 章的规定。

4.6.10 紧链器

紧链器的型式、参数和技术要求应符合 MT/T 495—1995 第 3 章和第 4 章的规定。

4.6.11 配套电气部件

4.6.11.1 电动机应符合 MT/T 105—2006 的规定。

4.6.11.2 充填输送机配套电气部件应符合 GB 3836.1～3836.4 及《煤矿安全规程》的有关规定。

4.7 制造、组装要求

4.7.1 充填输送机的制造组装应符合 MT/T 105—2006 中 3.5 的规定。

4.7.2 零部件应经检验合格后，方可进入组装工序。

5 试验方法

5.1 充填输送机的外观、油饰质量采用目测。

5.2 充填输送机整机性能试验方法应符合 MT/T 103—1995 第 4 章～第 7 章和 MT/T 104—1993 第 3 章～第 12 章的规定。

5.3 充填输送机用液力偶合器试验方法应符合 MT/T 208—1995 第 6 章的规定。

5.4 充填输送机用减速器试验方法应符合 MT/T 101—2000 第 3 章～第 13 章的规定。

5.5 中部槽试验方法应符合 MT/T 102—1985 中 5.1～5.5 及 5.9 的规定。

5.6 卸料孔开启、闭合试验方法，接通液压管路及阀组，控制卸料千斤顶工作，操作卸料孔开启、闭合各 3 次。

5.7 矿用高强度圆环链试验方法应符合 GB/T 12718—2009 第 7 章的规定。

5.8 矿用圆环链用开口式连接环试验方法应符合 MT/T 71—1997 第 6 章的规定。

5.9 刮板试验方法应符合 MT/T 72—1998 第 7 章的规定。

5.10 驱动链轮检验方法应符合 GB/T 24503—2009 第 5 章的规定。

5.11 对于盘闸式、闸带式和棘轮式紧链器，紧链器试验方法应符合 MT/T 495—1995 第 5 章的规定。

5.12 充填输送机配套电气部件的试验方法，应符合 GB 3836.1～3836.4 及《煤矿安全规程》的有关规定。

6 检验规则

6.1 检验分类

产品检验分为出厂检验和型式检验两类。

6.2 出厂检验

6.2.1 每台产品都应进行出厂检验，出厂检验由制造厂检验部门进行。

6.2.2 出厂检验分主要零部件检验、整机检验。

6.2.3 充填输送机减速器、液力偶合器、中部槽、圆环链、连接环、刮板、链轮、紧链器等主要零部件检验按 MT/T 105—2006 有关规定单独检验，应有合格证。出厂检验不再对零部件检验。

6.2.4 整机检验：

    a）整机检验前准备工作按 MT/T 103—1995 第 6 章规定进行。

    b）整机检验。出厂整机检验项目及规则见表 4。

表 4　检验项目及规则

序号	检验项目	要求	试验方法	检验类别	
				出厂检验	型式检验
1	外观检验	4.4	5.1	√	√
2	整机性能检验	4.5	5.2	√	√
3	液力偶合器	4.6.1	5.3	—	√
4	减速器	4.6.2	5.4	—	√
5	中部槽	4.6.3	5.5	—	√
6	卸料板千斤顶	4.6.4	5.6	√	√
7	圆环链	4.6.6	5.7	—	√
8	连接环	4.6.7	5.8	—	√
9	刮板	4.6.8	5.9	—	√
10	驱动链轮	4.6.9	5.10	—	√
11	紧链器	4.6.10	5.11	—	√
12	配套电气部件	4.6.11	5.12	√	√

注 1："√"表示检验，"—"表示不检验；

注 2：若电气部件经制造单位按上述规定检验并具有产品合格证明文件和实验报告，充填输送机进行出厂检验和型式检验时可不再进行检验；

注 3：属外配套的元部件的检验由生产企业按本表的规定进行，出厂检验仅检验合格证。

6.2.5 检验规则按 MT/T 103—1995 第 8 章规定进行。

6.2.6 判定规则。出厂检验如有不合格项，允许进行修复，修复后检验合格，则判定该产品出厂检验合格，否则判定该产品不合格。

6.3 型式检验

6.3.1 凡属于下列情况之一时应进行型式检验：

    a）新产品或老产品转厂生产的试制品；

    b）正式生产后，如结构、材料和工艺有较大改变可能影响产品性能时；

    c）产品停产 3 年以上重新恢复生产时；

    d）国家有关部门提出要求时。

6.3.2 型式检验项目见表 4。

6.3.3 型式检验的样机应从出厂检验合格的产品中抽取 1 台。

6.3.4 型式检验项目全部合格，则判定该产品型式检验合格；如有不合格项，允许进行修复，修复后检验项目全部合格，则判定该产品型式检验合格，否则判定该产品不合格。

7　标志、包装、运输和贮存

7.1 应在充填输送机的减速器侧面固定产品标牌。标牌的型式和尺寸应符合 GB/T 13306 的规定。

7.2 标牌应标明下列各项：

   a) 制造厂名；

   b) 产品名称、型号；

   c) 制造日期、编号；

   d) 安全标志证书编号；

   e) 主要技术参数：出厂长度、输送量、刮板连速、电动机型号、功率、电压、转速、总质量等。

7.3 充填输送机可分别装箱和包扎，并符合陆路、水路运输和装运的要求。

7.4 充填输送机的包装应符合 MT/T 150 的规定。

7.5 随同产品充填输送机应附有下列技术文件：

   a) 产品合格证书（包括具有安全性能要求的部件的合格证书影印件）；

   b) 产品使用说明书；

   c) 装箱清单；

   d) 总装图；

   e) 安全标志证书影印件。

7.6 充填输送机在运输过程中，应符合运输部门的有关规定，充填输送机在保管期间应采取防雨、防潮措施，贮存时应放置在有遮棚的仓库内。

中 华 人 民 共 和 国

能 源 行 业 标 准

固体充填材料多孔底卸式刮板

输 送 机 技 术 条 件

NB / T 51024 — 2014

*

中国电力出版社出版、发行

（北京市东城区北京站西街 19 号　100005　http://www.cepp.sgcc.com.cn）

北京九天众诚印刷有限公司印刷

*

2015 年 8 月第一版　　2015 年 8 月北京第一次印刷

880 毫米×1230 毫米　16 开本　0.75 印张　16 千字

印数 0001—3000 册

*

统一书号 155123·2506　定价 **9.00** 元

敬 告 读 者

本书封底贴有防伪标签，刮开涂层可查询真伪

本书如有印装质量问题，我社发行部负责退换

版 权 专 有　　翻 印 必 究

中国电力出版社官方微信

掌上电力书屋

155123.2506